Mon petit chat de Paris

INTRODUCTION

パリのアーティストたちのアパルトマンをたずねて
おしゃべりしたり、写真撮影したりしていると
なんだか、じーっと見つめられているような
視線を、どこからともなく感じることがあります。
そしらぬふうを装いつつ、その視線をたどってみると
いました！いました！パリのおうちネコ。

「うちに、なにしに来たの？」「遊んでくれるのかな？」
「そのカシャカシャ音がする黒いモノはなぁに？」
もの問いたげに、ネコたちはこちらを観察しています。
私たちは仲よくなろうと、すこしずつ近寄りながら
個性的な表情や、愛らしい姿をカメラに収めます。
ときにはネコに夢中な私たちを見て、飼い主さんに
「私じゃなくてネコの撮影に来たの？」と笑われることも……。

こうして、パリで出会ったネコたちの写真が
たくさん集まり、この本が生まれました。
思わずページの上から、なでたくなってしまうような
ネコたちのチャーミングな姿を、お楽しみください。

ジュウ・ドゥ・ポゥム

ACCIDENTS DE LA ROUTE
du Chant a la une !...
Serge
GAINSBOURG
PHILIPS

CONTENTS

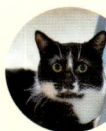

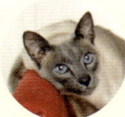

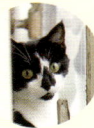

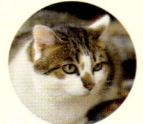

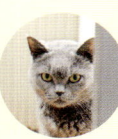

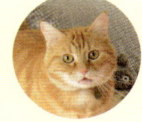

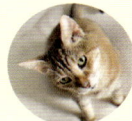

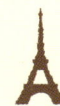

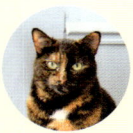

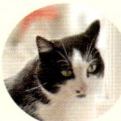

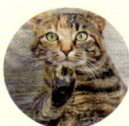

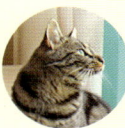

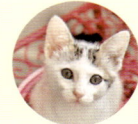

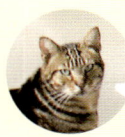

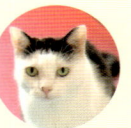

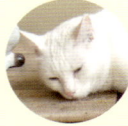

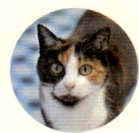

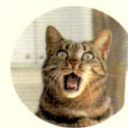

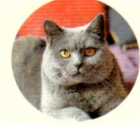

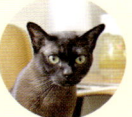

アーティストのオレリー・マチゴさんのおうちネコ

Mimi

編み物や刺しゅうを使ったアートワークを手がける
オレリーさんのおうちに、ミミがやってきたのは
娘のザジちゃんが、6歳のころ。

当時、引っ越したばかりということもあって、
なかなか学校で、お友だちになじめなかったザジちゃん。
こころを開くことができそうな
女の子のネコを、家族に迎えることにしました。
ザジちゃんが、最初にネコにつけた名前は
フランス語で、さくらという意味のスリーズ。
でも、そのうちにフランスで、ネコの呼び名として
なじみのあるミミと、自然に呼ぶようになりました。

ほんわかした性格で、女の子らしいミミですが、
家族みんなを笑わせる、いたずらっぽいところもあります。
しばらく姿が見えないと思っていたら、
いきなり、クローゼットの中から飛び出してきて、びっくり！

おばあちゃんになって、最近は食が細くなってきたミミですが
お腹がすいてくると、オレリーさんがお風呂に入っていても
バスルームまでやってきて「ごはん、ちょうだい」とおねだり。
オレリーさんが、アトリエで、編み物をしようとすると、
すぐにミミもついてきて「遊ぼうよ」と、毛糸玉にじゃれてきます。
いつでも、どこでも、ミミが家の中にいるという
気配を感じられると、安心するというオレリーさん。
いつでも、そっとそばに寄り添ってくれる、家族の一員です。

Zede

ズードゥは、もともとお向かいに住んでいた、おじいちゃんのネコでした。
アニエスさんとマニュエルさんが、ふと窓の外をながめると、
開け放した窓から、おでかけしているうちに、うっかり閉め出されてしまった
ネコをお向かいの屋根の上に見つけて、おじいちゃんを呼んだことも。
そんなご近所づきあいが縁になって、ふたりの家にもらわれることになったズードゥ。
小さなからだで、あどけなく見えるけれど、実は15歳くらいのおばあちゃん。
ふかふかのイスの上で、ひなたぼっこするのがお気に入りです。

Brioche

アパルトマンに、よく遊びにくる、茶トラのかわいいお客さま。
クリステルさんが帰ってくるのを、玄関の外で待っていたり
するりと優雅な身のこなしで、開いている窓から入ってきたり……。
あるとき、靴箱の中で眠りこんでしまった、その姿が、
ふっくら焼けたブリオッシュにそっくりで、名前をつけました。
とにかくよく眠るブリオッシュ。なでてもらうと、ゴロゴロとうれしそう。

SACS DE FILLES
Persepolis
4
SIECLE
Swiss Graphic Design
ART NOW
FASHION
ARCHITECTURE NOW!
JAPANESE GRAPHICS NOW
PATTERNS
JARDINS DESIGN
FORMES NOUVELLES
TASCHEN
photographe

Billy Jean

パープルにダークレッド、貴婦人のためのパウダールームをイメージした
ドロテさんのベッドルームでくつろぐ、ビリー・ジーン。
たっぷりと美しく輝くグレーの毛並みは、まさにレディのようです。

MÉFIEZ-VOUS DES RÊVES...
ils finissent toujours par se réaliser
Portugal

Gatito

ガティトーは、スペイン語で子ネコという意味。
いまでは７歳になって、すっかり大きくなりましたが
この写真は、ソフィアさんとピエール＝イヴさんが
スペインから連れ帰り、アパルトマンに来たばかりのころ。
あちこちかけまわって、暴れたりすることも多いので
ゴジラというニックネームで呼んでいます。

Lilly Marthe Ebenerデザイナー
リリー・マルト・エブナーさんのおうちネコ

Twinkle et Kevin

リリー・マルトさんのおうちには、
キャラクターのまったく異なる、3匹のネコがいます。
テーブルの上で、気持ちよさそうに眠っている
白ネコのトウィンクルは、ちょっと太めの4歳の男の子。
ふんわり毛並みのトラネコ、ケヴィンは7歳になります。
そして、スマートな黒ネコのリタは、ただいま外出中。

トゥインクルは、ある日、屋根づたいに
どこからともなくやってきた、迷いネコでしたが
居心地がよかったようで、そのまま、おうちネコに。
やってきたころは、まだまだ小さかったのに
気がつけば、いまや2倍の大きさ！
これまでにエサを残したことがない、食いしん坊です。

ケヴィンは、里親から引き取って
リリー・マルトさんが、はじめて飼いはじめたネコ。
娘のアルベルティヌちゃんが、ちょっと強く抱っこしても
ぬいぐるみを、お腹のところに置いたりしても
おとなしくガマンしている、やさしいお兄ちゃんです。

家でのんびりしている、トウィンクルとケヴィンをよそに
おてんばなリタは、お出かけするのが好き。
おうちにいるのは、眠るときとごはんのときだけです。

Lulu

キッチンのガラス戸越しに、ボンジュール！
ルルは、フランス各地のおいしいものを集めた
「ボー・エ・ボン」のヴァレリーさん家のネコ。
一家との出会いも、おいしいディナーの席で。
おじいちゃんのニックネームと同じ
ルルと名付けて、おうちに連れて帰りました。
娘のマリオンちゃんは、同い年のルルと
まるで、ふたごの姉妹のように、なかよしです。

DIKHUL

Tigrette

パリでは、アパルトマンの窓辺に、ネコが座っているのを、よく見かけます。
ノルマンディーのマルシェ生まれで、パリのマリアンヌさん家にやってきた
キジトラのティグレットも、通りに面した窓辺がお気に入りの場所。
カーテンの裏にまわりこんで、道行く人々や犬のお散歩の様子をパトロール。
そして……あらあら、そのまま、ごろんと横座りになってしまいました！
窓にかけた前足と、揃えられた後ろ足が、なんともかわいい一瞬でした。

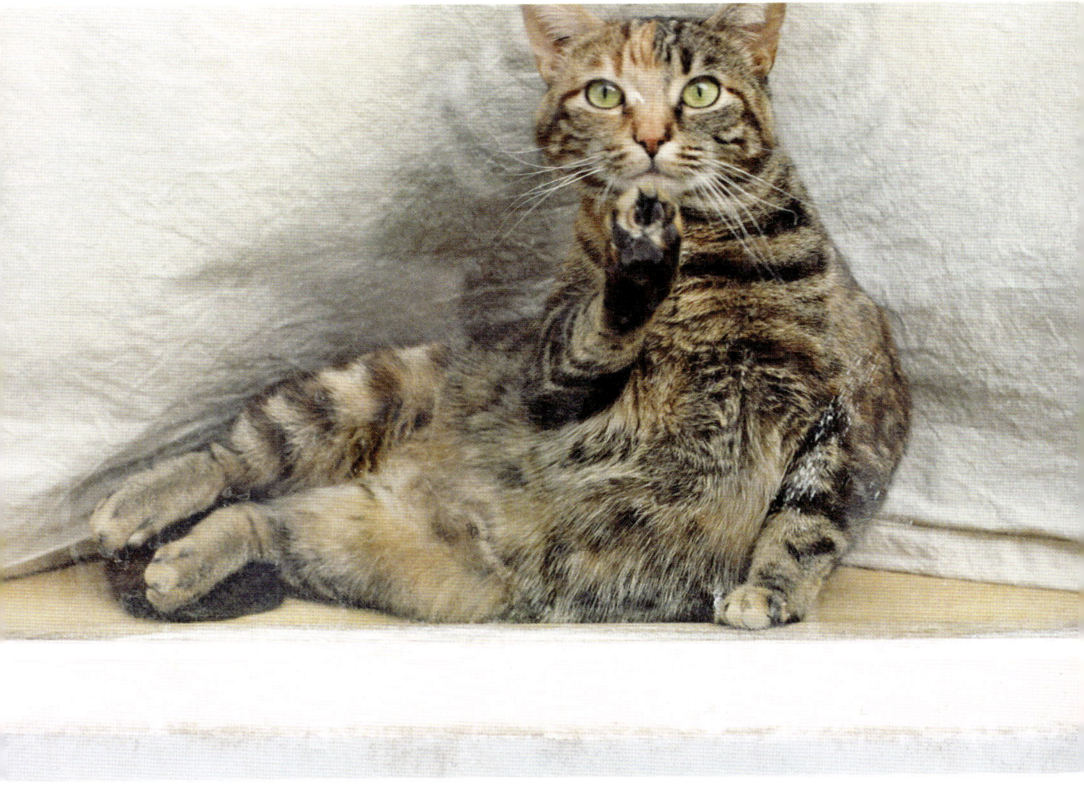

Albe

アルブのお気に入りの場所は、ぼたんの花柄シートクッションを敷いた棚の上。
ここは、マリオンさんとマリー＝アストリッドさんのアトリエの窓辺です。
ウォールステッカーをデザインするふたりを、いつも見守っています。

TONY BENNETT MTV UNPLUGGED™
PHILIPS

Mickey

まわりを笑顔にする、シャムネコのミッキー。
家族が集まると、かならずその中心に座りたがります。
食べ物では、スープとヨーグルトが大好物
そして、さやえんどうはお気に入りのおもちゃです。
スザンヌさんが、皮むきをはじめると
キッチンまで急いでやってきて、皮をおねだり。

イラストレーターの
マリー・アセナさんのおうちネコ

Rose

いまニューヨークのブルックリンに暮らしていて、
イラストレーターとして活躍するマリー・アセナさん。
パリでリセに通っていたころ、一緒だった
ローズとのお話を聞きました。

話し相手がほしいと思っていたマリーさんが、
お父さんにお願いして、おうちにやってきたのがローズ。
ひざの上で、まるくなって眠る姿も愛らしく
学校から帰ってから、一緒に遊ぶのが楽しみでした。
釣りざおのおもちゃは、いちばんのお気に入り。
マリーさんが棒を動かして、糸の先にじゃれたりして……。

とてもいい子で、お利口さんのローズですが、
おかしかった思い出も、たくさんあります。
ヴァカンスに出かけた田舎で、木登りをしているうちに
いつのまにか、いままで登ったことがない高さへ。
はしごを出してきて、だっこして降ろす、大騒ぎになりました。

はじめて道で、犬と出会ってしまったときも、大事件に。
おどろいて、一目散に家まで逃げ帰ってきたローズ。
そのときは、背中の毛がギザギザに逆立っていて、
トランポリンをしているかのように、何度もジャンプ！
ローズの様子は、まるでアニメのキャラクターみたいでした。

離れて暮らしていても、楽しい思い出がいっぱい。
いまでも、こころをあたためてくれる、小さな友だちです。

Totoro

「ジョルジュ・エ・ロザリー」のぬいぐるみとポーズをとってくれた
トトロは、デザイナーのセヴリーヌさんのおうちネコ。
まっ白なお腹にうっすら模様があって、まるでトトロみたいと名付けられました。
ソファーに座ると、そばにやってくるので、一緒にブランケットに入れてあげると
のどをゴロゴロと鳴らして喜ぶ姿に、セヴリーヌさんたち家族も癒されます。

Caspienne

外出の多いアダムさんは、キャスピエンヌがお留守番のあいだも、リビングで遊べるようにと木の形のキャットタワーを用意しました。いちばん高い位置の枝から、カーテン越しに街を観察する姿は、まるで女王さま。

Touille

キッチンのコーナーに置いたカフェ風テーブルは
朝のコーヒーや軽いランチのための場所。
トゥイユの席は、窓に近いほうのイス。
食事の気配がすると、いちばんに食卓について
お皿が運ばれてくるのを、待っています。

Myrtille

パリのアパルトマンは、ミルティーユのセカンドハウス。
ノルマンディーへと、しばらく連れて行ったら
都会暮らしに、戻れなくなってしまいました。
空を眺める姿は、なんだか田舎が恋しいようにも見えて……
いまはノルマンディーから、ときどきパリへ
ご主人のレベッカさんに会いにくる暮らしになりました。

yummy

Gouicci et Chaton

グウィッチは、おしゃれな靴下ネコ。
ガールフレンドの黒ネコ、ガリーとのあいだに
子ネコたちが生まれたばかり。まだ名前はつけていないので
フランス語で、子ネコという意味のシャトンと呼んでいます。
これから大きくなるにつれて、目の色やからだの模様が
どんなふうに変化していくのか、楽しみです。

生まれたばかりの子ネコは、まだ目に色素がついていないので
「キトゥン・ブルー」と呼ばれる、透き通るような青い瞳をしています。

ショップディレクターのアンドレアさんと
作家＆翻訳家のセドリックさんのおうちネコ

June

ベルヴィル地区の静かなパッサージュ沿いにある
もともと工場だった建物を、リフォームしたアパルトマン。
高い天井と広々とした空間に、お庭もあって
ジューンも、安心して遊びまわることができます。

アンドレアさんとセドリックさんのカップルと
グレーカラーの女の子ネコとの出会いは、ペットショップ。
ジューンという名前は、6月生まれだったということと、
写真家のヘルムート・ニュートンの奥さんの名前にあやかって。
独立心が強く、がんこなところがあるジューンは
ふたりによると「本物のパリジェンヌ」の性格なのだそう。
ドアの影から、カメラのほうをじっと探るように見ている
この視線には、たしかに、強い意志を感じます。

仲のいいお友だちは、お隣さんが飼っている、黒猫のポロ。
いつもジューンのほうから、ちょっかいを出して
中庭で、2匹はじゃれあって、遊んでいます。

朝になると、ベッドにやってきて
足をペロペロして、起こしてくれるジューン。
そんな甘いひとときに、ふたりはしあわせを感じています。

SOPHIA LOREN - MARCELLO MASTROIANNI
DANS UN FILM DE
VITTORIO DE SICA
MARIAGE
A L'ITALIENNE
UN FILM PRODUIT PAR
CARLO PONTI
EASTMANCOLOR
SNC

ARAKI

Kuki

さびネコのクキは、靴デザイナーのエステルさんに
インスピレーションを与えてくれる、ミューズ！
クキと一緒に過ごす、ちょっとした時間に、
デザインのイマジネーションがふくらんでいきます。

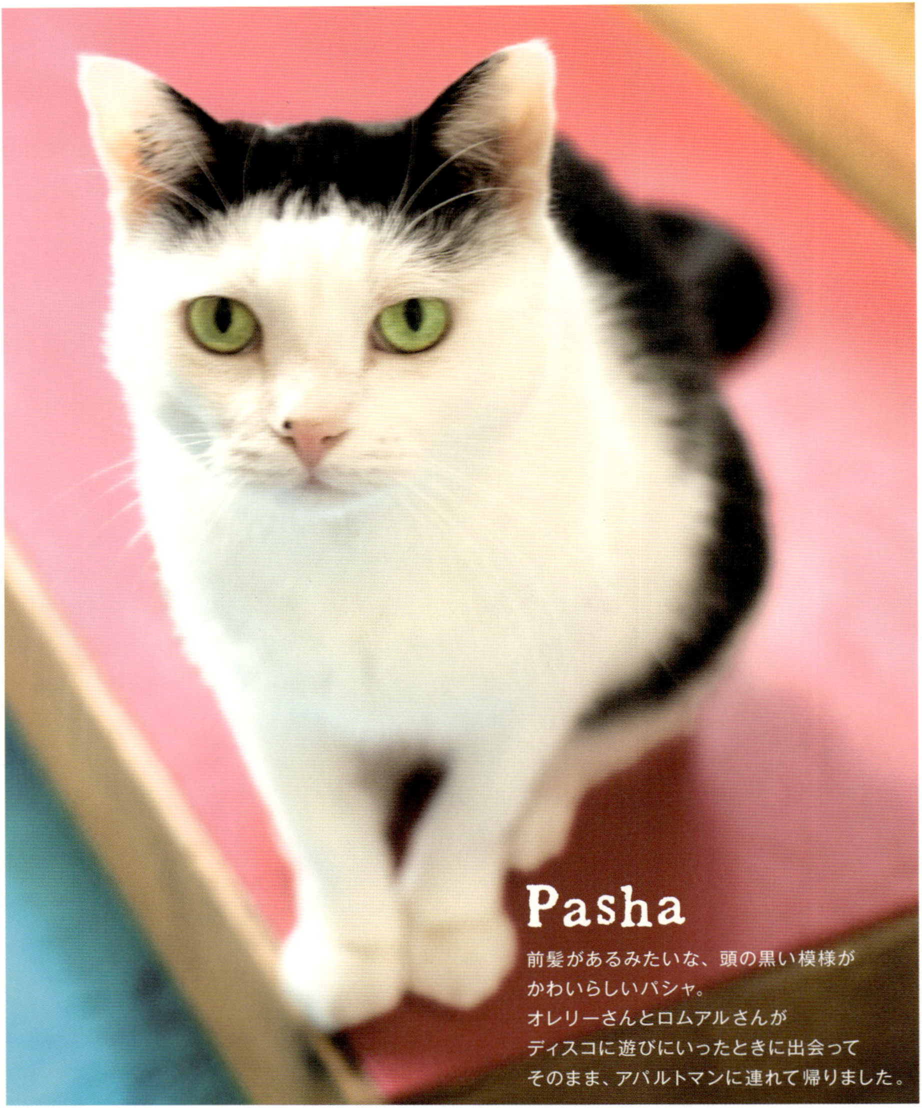

Pasha

前髪があるみたいな、頭の黒い模様が
かわいらしいパシャ。
オレリーさんとロムアルさんが
ディスコに遊びにいったときに出会って
そのまま、アパルトマンに連れて帰りました。

Caramel

大きな耳をぴんとたてて、様子をうかがっている
キャラメルは、まだ3か月の子ネコちゃん。
1歳のフェリックスくんとは、
こうして、絶妙な距離を保ちながらも
兄弟のように、なかよく暮らしています。

Emile

子ども服ブランドWOWOデザイナーの
エリザベスさんと、娘のアンジェラちゃん。
ふたりが飼っている、エミールは、
ポージングが得意で、まるでモデルのよう。
ほら！キマっているでしょう？と言いたげに
カメラのレンズを、見つめます。

Tsé & Tsé associées, Dorette デザイナー
カトリーヌ・レヴィさんのおうちネコ

Radjah

「ツェツェ・アソシエ」のデザイナー、
カトリーヌさんが、いま夢中になっているものは……
新しく立ち上げたジュエリー・ブランド「ドレット」
それから、いつも一緒、愛するネコのラジャです。

ある日、開いていた窓から、そーっと入ってきた
やせっぽちで、ひどく汚れたグレーカラーのネコ。
そのときは、ネコを飼おうなんて
まったく考えていなかったという、カトリーヌさん。
でも、腕の中にやってきて、まるくなって眠ったとき
そのはじめての手ざわりに、感動！
それからというもの、離れられなくなってしまいました。
ラジャという名前は、ヒンズー語で王様という意味。
大好きな国インドからのお友だちが付けてくれたもの。

やさしくて、独立心も好奇心もたっぷり。
遊んでほしいときは、おもちゃを自分で持ってくる
かしこいラジャ。青い段ボールにかくれんぼして、
カトリーヌさんが、遊んでくれるのを待つことも。
羽根で、ちょっかいを出すと、もう大よろこび。
そのかわいい姿に、時間を忘れて遊んでしまいます。

COSECHA
PROPIA
PAMBO

PAMBO
PAMBO

Chouzie

テーブルの下に、ちょこんと座るショージー。
ファッションデザイナーのカレンさんのアトリエに
よく遊びにくる、お隣さんのおうちネコです。
飼い主さんが、よく旅行にでかけるので
そのあいだは、いつもカレンさんのところに。
はぎれを入れた段ボール箱で遊ぶのが大好きで
そのまま箱の中で、眠ってしまうことも……

Luna

おでかけから帰ってきて身繕いする、おしゃれネコ、ルナ。
専用の出入り口があるので、自由にお外に遊びにいきます。
でも、おうちに帰りたくなったら、窓ガラスをトントン。
その音で、ファビアンヌさんが窓を開けて、入れてくれるので
すっかりお気に入りの遊びに。何度も繰り返すルナを
あきれて見ていると「ノックしたのは、私じゃないわよ」と
知らんぷりのおすまし顔で、おうちに入ってきます。

日当たりのいいベッドにあがり、脚を思いきり伸ばして
お腹をきれいにしているところを見つかって、びっくり顔！

Bento

カメラ好きのティーンガール、ルーシーちゃんが、
家族と暮らす、アパルトマンで飼っているベントー。
日本の思い出のひとつ、「お弁当」から名前をつけました。
ベントーはやさしい男の子で、遊ぶのが大好き。
まるめた紙やボールを投げると、すぐに持ってきます。
ちょっと犬みたいな性格のネコちゃんです。

TURLUTUTU

René & Radkaフォトグラファー
ラドカさんとルネさんのおうちネコ

Tango et Cash

まるい足先を、ちょこんとテーブルの上にかけて
しゃべりかけてきそうな表情をしているタンゴ。
それから、なかよしのキャッシュ。
ブルーグレーのたっぷりとした毛並みが美しい
この２匹は、フォトグラファー・ユニットとして
カップルで活躍する、ラドカさんとルネさんが
かわいがっている、おうちネコです。

ころころと床の上で遊んで、じゃれあったり
ラドカさんとルネさんのそばにきて、甘えたり
テーブルにひょいと上がって、花の香りをくんくん……。
おうちの中で、リラックスして過ごしている
ネコたちの姿は、どこかユーモラスで、
なんだか、人間のように見えてくることも。

そして、きゅっとあがった口元は、
まるで、ほほえみかけてくれているかのよう。
見ている私たちまで、笑顔になってしまう
チャーミングなネコたちです。

REAMS
ND
HADOWS
HOTOGRAPHS
Y RENÉ & RADKA

Tina

さまさまな種類の木々が生いしげる、緑の中庭。
やわらかそうな芝生の広場で遊ぶのは、子ネコのティナ。
芝が根付くまで、４年もの月日がかかった、大切な庭。
この中に入ることができるのは、
実は、家族の中でも、小さなティナだけなのです。

オンラインショップ Neëst オーナー
サンドリーヌ・ピジョンさんのおうちネコ

Mouta

オンラインショップのために、新しいアイテムを探したり
撮影をしたり、家で過ごす時間が長いサンドリーヌさん。
でも、ムタがいれば、まったく退屈することはありません。

名前は、スタジオジブリの映画「猫の恩返し」に出てくる
主人公バロンの仲間、太っちょネコさんから。
映画館を出たあとに、子どもたちと一緒に
「もしネコを飼うことになったら、ムタと名付けよう」
と、おしゃべりしていたのでした。
まだ小さなときに、ブリーダーさんのところで出会い
おうちへ連れて帰ると、子どもたちも
夢が叶ったと、大よろこびで、迎えました。

映画のキャラクターと同じく、食べるのが大好きなムタ。
小さいときは、自分でジャンプして、
キッチンの調理台まで、あがっていましたが
いまは体が重くて、のぼれなくなってしまいました。
ちょっとさびしいけれど、最近のお食事は
ダイエット用のキャットフードに。
ときどき、サンドリーヌさんがヨーグルトを
分けてあげると、しあわせそうな顔をしています。

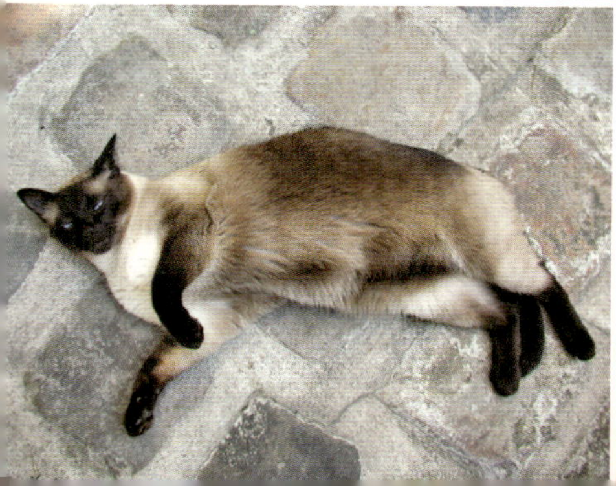

Monsieur Puce et Chat-Farine

いきいきとした花をダイナミックに描く
画家のクレール・バスレさんのアトリエには
はちわれネコのムッシュー・ピュースと
さびネコのシャ・ファリーヌが暮らしています。
もともと工場だったという広々とした空間で
ネコたちものびのび、気ままに1日を過ごせます。

REMBRANDT
REMBRANDT
REMBRANDT

Bijou et Sonic

白ネコのビジューと、シャムネコのソニックは
ネコとロック音楽が好きなエルザさんと暮らしています。
パリ郊外で、捨てられていたところを助けてもらった
ビジューは、お姫さまみたいな性格の女の子。
ブリーダーさんのところからやってきたソニックは
やんちゃな男の子で、いまでは凄腕のねずみハンターに。
まったく個性の違う２匹も、エルザさんには甘えん坊です。

FAYE
DUNAWAY
BONNIE & CLYDE
DESMOND
DEKKER
syndical pop
high-fidelity
ROCK-N-ROLL
Vivienne
Westwood

Ginger

ジンジャーは、スタイリストのアメリさんと暮らす
好奇心いっぱいの茶トラの女の子。
バルコニーの手すりに、ひょいと上がって
そのまま、お外へ遊びにいくことも。
お客さんも大好きで、だれかが訪ねてくると
様子を見に、顔をのぞかせます。そして
かわいがってくれそうな人を見つけたら
「なでてほしいなぁ」と、おねだり……。

ジンジャーの名前は、フレッド・アステアとの
タップダンスの華麗なステップで有名な
ミュージカル女優、ジンジャー・ロジャースから。

朝になると、アメリさんの首のあたりを
ごつんと頭で押して、起こしてくれるジンジャー。
そして、朝のお風呂の時間には
自分もバスタブのふちに、飛び乗って
ちょっと足をぬらして顔を洗うのが、日課です。
メイクアップしているときも、そばにいて
アメリさんの手元を、じっと眺めています。
身だしなみを整えるのに、興味があるのは
やっぱり女優さんと同じ名前の影響でしょうか？

Mademoiselle Chat

マドモワゼル・シャは、靴下を探すのが大好き。
置き忘れている、靴下には勢いをつけて突進！
ランドリー・バスケットに入れておいても
いつのまにか、ひっぱりだしてくるので
マドモワゼルのベッドは、靴下でいっぱいです。

Sakura et Minous

お鼻にすっとラインが通ったサクラと、その娘のミニュー。
一家がヴァカンスに行くときは、2匹も一緒。
好奇心たっぷりなサクラと、怖いものしらずのミニューは
ヴァカンス先で、ワイルドに木登りやハンティングを満喫。
パリに戻る日になっても、ネコたちが帰ってこないものだから
子どもたちは、２匹を探して、学校を欠席したことも！

Minimi

ミニミが暮らすのは、モントルイユの一軒家。
おうちの中には、2匹のわんちゃんもいるので
静かな中庭に出て、ひなたぼっこするのがお気に入り。
ネコならではの気ままさで、自由に出入りしています。

Laurent Moustache et Mishina

サン＝マルタン運河近くのアパルトマンで出会った
グレーと白のふわふわの毛におおわれたローラン・ムスターシュ。
そしてバスケットの中にいるミシナは、ちょっぴり人見知りです。

El Gato

エル・ガトーとは、スペイン語でネコという意味ですが
フランス語の「ガトー」は、そう！お菓子のこと。
飼い主は、おいしくて、見た目もかわいいお菓子を作る
「シェ・ボガト」のパティシエールのアナイスさん。
お菓子を作ったり、食べたりしていると、
じーっと見つめてくる、甘いもの好きさんです。

Ōtsuki Sama デザイナー
ヴァレリー・ロウディエさんのおうちネコたち

Fanfan et Boubou

子どものころから、いつもネコがそばにいたという
ヴァレリーさんは、ネコが大好き。
やわらかくて、美しい、その静かなたたずまい。
自立した性格だけれど、決して離れていきすぎないので
いい距離感で、お互い一緒にいることができます。

いまのパートナーは、アメリカンショートヘアのブーブー
そして、ブリティッシュショートヘアのファンファン。
ヴァレリーさんがデザインしている「オツキサマ」の
藍染めのファブリックは、2匹もお気に入りの様子。
ブルーグレーの美しい毛並みにも、よく似合います。

実は、ブーブーは日本生まれの大和なでしこ。
ヴァレリーさんが東京に住んでいたころに出会いました。
習字をしているときに、ずっとそばで見ていてくれた
ブーブーとは、大好きな日本での思い出もたくさん！

そして、パリ近くの農場で生まれたファンファンは
2か月のときに、ヴァレリーさんのもとにやってきました。
ファンファンは、やさしくてエレガントな女の子。
ヴァレリーさんといると甘えん坊で、すぐにゴロゴロ。
そして手をぺろぺろとなめてくれます。

L'ÉTRANGE
CROISIÈRE

toute l'équipe du livre

édition PAUMES

Photographe : Hisashi Tokuyoshi

Design : Kei Yamazaki, Megumi Mori

Illustrations : Kei Yamazaki

Textes : Coco Tashima

Conseillère de la rédaction : Fumie Shimoji

Éditeur : Coco Tashima

Responsable commerciale : Rie Sakai

Responsable commerciale Japon : Tomoko Osada

Art direction : Hisashi Tokuyoshi

Contact : info@paumes.com　　www.paumes.com

Impression : Makoto Printing System

Distribution : Shufunotomosha

Nous tenons à remercier tous les chats parisiens ainsi que leurs maitresses et leurs maitres qui ont collabore à ce livre.

édition PAUMES　ジュウ・ドゥ・ポゥム

ジュウ・ドゥ・ポゥムは、フランスをはじめ海外のアーティストたちの日本での活動をプロデュースするエージェントとしてスタートしました。
魅力的なアーティストたちのことを、より広く知ってもらいたいという思いから、クリエーションシリーズ、ガイドシリーズといった数多くの書籍を手がけています。近著には「北欧雑貨めぐりヘルシンキガイド」「マリメッコのデザイナーの暮らし」などがあります。ジュウ・ドゥ・ポゥムの詳しい情報は、www.paumes.comをご覧ください。

また、アーティストの作品に直接触れてもらうスペースとして生まれた「ギャラリー・ドゥー・ディマンシュ」は、インテリア雑貨や絵本、アクセサリーなど、アーティストの作品をセレクトしたギャラリーショップ。ギャラリースペースで行われる展示会も、さまざまなアーティストとの出会いの場として好評です。ショップの情報は、www.2dimanche.comをご覧ください。